露營的靈魂在野炊！

LiloSHI 的單人露營料理

LiloSHI ◎著

朱雀文化

前言

大家好！
回過神來，這已經是我出版的第三本食譜了。
這都是因為大家對我發布的影片相當捧場，
真的很感謝大家。

我之前出版的料理書，
都是運用「熱壓三明治烤盤」製作料理為主，
而這次則會更進一步介紹：「煮飯神器」、「露營鍋具」、「鑄鐵鍋」
這些能活用在單人露營的炊具。

總之，我想介紹做法超簡單、不會失敗又好吃，
且要帶走的垃圾量很少的料理，所以選用在附近超市或便利商店就
能買到的「方便購食材」，並且「不用鹽或胡椒等繁瑣調味料」，「只
要一個炊具」即可完成。
為了方便大家在 YouTube 上確認料理操作影片，
我在多數料理食譜名稱的下方加上「影片標題」，
大家在製作過程中若有不了解的地方，可以參考影片。

另外，這次我也分享了
「第一次用熱壓三明治烤盤，把吐司壓成三明治」的正統做法 (笑)。
話雖如此，但仍然是一般熱壓三明治烤盤不會介紹，
能「刺激食欲到極限」的懶人料理。
還有，我也為想挑戰單人露營的讀者們，
介紹製作單人露營料理時派得上用場，
我個人十分推薦的炊具。
這些器具都價格公道、性能佳，
讀者們選購前可以參考一下。

不知不覺中，
我的 YouTube 頻道訂閱人數已經超過 72 萬人了！
Twitter 上也有 69.8 萬人關注（截至 2023 年 10 月止），
我真的非常開心。
接下來我也會繼續介紹製作門檻超低，
用滿是欲望的輕鬆心情就能做出來的變化版懶人料理，
還請大家先照著本書中的食譜製作，
享受美味的露營料理吧！

LiloSHI

目錄 *index*

有成套的湯鍋和平底鍋！
光有一個就能變化多種用途的露營鍋具　54

Part **3** 單人露營
可以想吃就吃的料理

露營小專欄

這樣不會被網友猛烈攻擊嗎！？
獨家傳授應付〇〇警察的對策 **122**

── 使用本書方法 ──

- ·計量單位 1 小匙＝ 5ml、1 大匙＝ 15ml、1 杯＝ 200ml。
- ·書中食譜是以 LiloSHI 發表在 YouTube 和 Twitter 上的影片為
  基礎，重新整理編寫而成。書中使用的炊具和影片略有不同，
  加上編輯食譜時，將重點著重於「可以輕鬆完成」，所以某
  些地方使用了與影片不同的烹調方式。
- ·火力若沒有特別註明，均為中火。
- ·烹調所需時間、火力可能因使用的炊具而不同，烹調時請依
  實際狀況調整。
- ·食譜中雖有記載參考的份量和烹調時間，但製作時請依實際
  狀況調整。
- ·調理包、冷凍食品等市售商品，可參考包裝上所標示的時間
  烹調。
- ·鮮切蔬菜都是直接使用，不會另外用水清洗。

part 1

有這個就能完成的

單人露營料理

應該有不少人是看了本書，才想初次挑戰單人露營的吧？
不過該準備哪些炊具、該用哪些食材烹調才好，
對新手來說的確很傷腦筋。
在這個單元中，我要介紹推薦款＆極度愛用品給大家。
只要備妥這些東西，你也能即刻踏上單人露營之旅。

LiloSH1 的
單人露營料理心得

單人露營料理的重點，
在於「只要用少少的東西和力氣就能完成」，
但是「對於味道絕不妥協」！只要花點心力、動動腦筋，
就能輕鬆不煩惱地做好單人露營料理。

1 使用在超市或便利商店就能買到的食材

雖然是單人露營料理，但若要從零開始準備生鮮食品，或是購買平常幾乎用不到的調味料，也實在太難了。而且還要把這些東西全扛去露營，只會增加行李罷了。我覺得當生起念頭，就能立刻順著欲望去山裡吃飯，這才是單人露營的樂趣。因此，選用住家附近的超市，或便利商店就能買到的食材吧！

2 不用鹽或胡椒等調味料！混合現成食物的味道就 OK ！

這次的食譜中幾乎不使用鹽、胡椒、醬油等調味料，而是活用在便利商店等處買來，且已經調味完成的現成或冷凍食品，再依喜好加上萬能調味粉或起司，做出喜歡的口味！帶調味料去露營會增加不少行李。單人露營料理的重點就是要善用冷凍食品和即食加工品。

3 幾乎不用菜刀＆砧板，
善用已經切好的食材！

建議使用超市、便利商店販售的鮮切蔬菜、預煮過的蔬菜，或是切好的肉塊，善用這些基本處理過的食材，菜刀或砧板就派不上用場了。最近鮮切蔬菜也有依照「火鍋」、「炒麵」、「沙拉」等用途，將數種蔬菜組成一包販售的商品，非常方便。而冷凍櫃的蔬菜，也可以當作保冷劑運用。

4 絕對不能丟棄垃圾和油，
這是一定要遵守的鐵則！

不只單人露營，在戶外烹調時很重要的，就是處理製造出來的垃圾。冷凍食品或便利商店的食品一般僅剩盛裝的盒子和包裝袋，垃圾量不多。接著是用過的油、汆燙食物的水，也絕對不能隨意倒在山裡。近期有人把百元商店買的便宜露營用具、自己不喜歡的器具直接丟在露營場，這些都禁止！！

單人露營料理炊具

如果你正在煩惱初次單人露營該備妥哪些炊具，
以下是我個人推薦的全套炊具。
這些器具非常方便好用，價格也很經濟實惠。

LOGOS
煮飯神器

內側有做陽極處理，所以
食材比較不會沾黏。由於
尺寸較寬，拉麵不用折斷
就能整塊放進去，超棒！
蓋子上有提把也很加分。

煮飯神器

超越戶外活動範疇的人氣炊具！

先不說用在露營，也有很多人會拿
煮飯神器當作平常使用的便當盒。
最近百元商店也開始販售。

Trangia
煮飯神器

可以說是本書中使用的煮
飯神器的代名詞。以輕薄
的鋁製成，所以不僅輕
巧，熱傳導效率也極佳，
是單人露營時不可或缺的
好夥伴。也有尺寸較大的
款式。

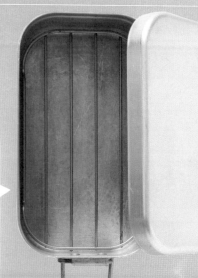

Coleman

Coleman PACKAWAY
單人料理套鍋

有做不沾處理，所以只要輕輕一擦就能清理乾淨。烹調時，食材不會黏在鍋子上實在太開心了。蓋子也可以拿來當成小鍋子使用。

露營鍋具

光有這一個炊具就夠了！？

用來煮、煎、炸都很方便的鍋具。如果是買大小兩種尺寸一組的鍋具，想同時做兩道料理也不是夢。

SOTO

雙人輕便套鍋 SOD-510

500ml（左）和 1000ml（右）一大一小成套的露營鍋具。可以將同樣是 SOTO 的輕型登山爐AMICUS 和瓦斯罐完美地收在鍋具裡，能有效減少行李體積！

Coleman
經典鑄鐵平底鍋

蓋上蓋子烹調時，蒸氣會凝聚在蓋子內側的鉚釘處，讓水珠均勻地落在食材上，提升料理的美味度。蓋子上有提把，使用上十分方便。

這個一粒一粒的就是鉚釘！

鑄鐵鍋

這就是戶外裝備的外觀＆性能

儘管重量是鑄鐵材質的美中不足之處，但其外觀可以讓人充分感受到戶外活動的氛圍，令人雀躍不已。儲熱效果佳，天冷時也能發揮保溫的功用。

石垣產業
18ccm 鑄鐵鍋

這是可對應 IH 爐的鑄鐵鍋，很適合在家也想享用鑄鐵鍋料理的人。18cm 的可以用來煎較大塊的肉；12cm 的則適合想用較少量的油，製作橄欖油蒜味料理或炸物時使用。

熱壓三明治烤盤

不管要不要夾起來，都能用的方便炊具！

雖然一般都認為這是用來製作熱壓三明治，
但我倒覺得沒有比這更方便的炊具了。
買大一點的尺寸，
烹調時，才不會整個食材塞滿滿。

和平 Freiz
ATSUHOKA Dining 寬版三明治烤盤

可以完整放下一片山形吐司的寬版烤
盤。不僅吐司，放入較大塊的牛排或
魚也不成問題。不管是烹調小菜或做
熱壓三明治，想多方面運用的話，
我很推薦這款。

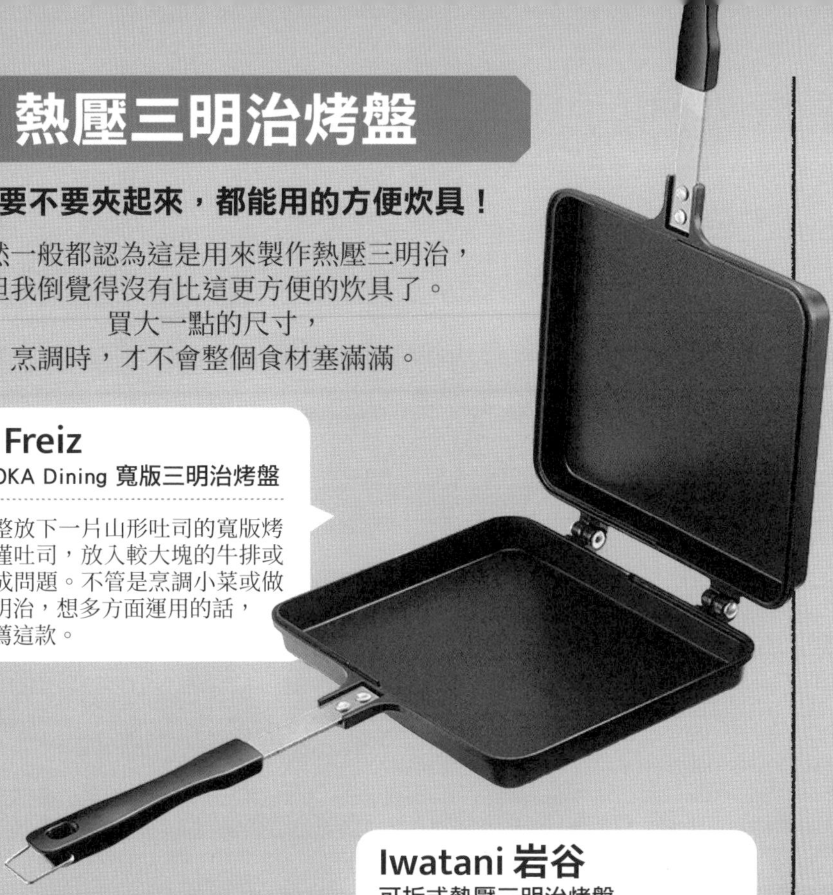

Iwatani 岩谷
可拆式熱壓三明治烤盤

大尺寸可以輕鬆放下吐司。採分離式
設計，可以把上蓋拆下，就算上下固
定處沾上油污，也能洗得乾淨。此
外，還能當成兩個平底鍋使用。

TSBBQ
輕型不鏽鋼荷蘭鍋

不需抹油保養，即使殘留水氣放著也不會生鏽，能承受劇烈的溫度變化，不會因此破裂，而且還能做無水烹調喔！我在家也很愛用這款荷蘭鍋。

荷蘭鍋

美味度倍增的優點，
能讓你忽視它的重量

總之很重！可是如果時間充裕，希望大家都能嘗試用荷蘭鍋煮肉，就算是便宜的肉，也會變得非常軟嫩可口喔！

CAPTAIN STAG
方形荷蘭鍋 mini

很有特色的方形設計。可以直接放在營火上使用，因此把整顆地瓜放進去烤都行。而且蓋子還能當成燒肉烤盤使用，是一舉兩得的優秀炊具。

平底鍋

結果，這是最常使用的方便炊具

說來說去最方便的還是平底鍋。
雖說單人露營時不想帶太多東西，
但至少帶個平底鍋去比較方便。
如果是深平底鍋，也能當成湯鍋使用。

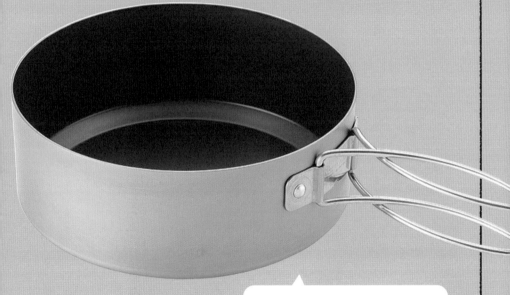

UNIFLAME
深型不沾調理煎鍋 17cm

深型的設計，也可以用來煮湯，煮飯當然也沒問題！儘管品名是煎鍋，但說是「萬能露營鍋具」也不為過。不想花太多錢買各式炊具的人買這個準沒錯！內側做氟素加工，即使烹調水分較少的料理也不會沾鍋，在使用、清洗上都很省時省力。

SOTO
穩壓防風登山爐 FUSION Trek

缽狀外型的爐頭，即使風勢較強也不易熄火，而且其三
支爐腳在不平整的地面上，也能維持穩定，即便新手也
能安心使用。由於不含點火系統，相當輕巧，柔軟的瓦
斯管方便好用也是一大優點。

OD瓦斯罐分離型登山爐

登山爐

爐具廠商的商品最安心&值得推薦

缺少登山爐就無法下廚，
可以說是戶外料理的關鍵物品。
安全使用最重要，
所以依據環境來選擇適合的商品吧！

SOTO
輕型登山爐 AMICUS

別看小小的一支，其四支爐架非常穩固，
輕巧又可以完美收納。爐頭採用缽狀設計，
不僅防風且性能佳，便宜的價格更是令人
心動。也很適合健行或露營新手使用。

OD瓦斯罐一體型登山爐

SOTO
穩壓防風休閒爐
FUSION ST-330

瓦斯罐和爐體本身是分離
型，使用 CB 罐的登山爐。
由於使用便宜且易購
得的 CB 罐，即使面臨
荷蘭鍋料理，或是鐵板
BBQ 這種需長時間使用
的情形，成本也不高。
適合在春天至秋天露營
時使用！

OD瓦斯罐分離型登山爐

＊ CB 罐是指卡式瓦斯爐使用的細
長型瓦斯罐；OD 罐則是主要在戶
外活動時使用的圓形瓦斯罐。

折疊桌

調理時有張桌子會更乾淨＆方便

露營場或山裡的土地不見得平坦，
若能備妥折疊桌，無論烹調還是用餐都比較輕鬆。
挑選重點在於方便攜帶和收納體積。

Snow peak
OZEN Light 折疊桌

由兩片桌板和兩個桌腳組成，本體的總重量僅270g！折起時的厚度也僅有5mm，可說是最適合單人露營用的折疊桌。桌板有A4大，所以也可以用來烹調。如果是在土壤地上用，可以把桌腳插入土裡，提高穩定性。

UNIFLAME
不鏽鋼折疊桌

以耐熱耐刮的不鏽鋼製成，即便是點過火的登山爐或平底鍋，都能直接放在上面。桌板尺寸為55cm×35cm，放上餐點和飲品都還綽綽有餘。因為有點重量，比較適合開車移動下使用。

Snow peak
鈦金屬單層杯 220

以一片鈦金屬製成的單層馬克杯。優點是可以直接拿到爐火上燒開水，使用上非常方便。

Snow peak
不鏽鋼真空馬克杯 300

不鏽鋼製的雙層馬克杯。內部做了真空處理，所以具有長時間保溫、保冷的功用。超輕量 110g 的重量，即使掛在後背包上也沒問題。

登山杯

用來喝酒、飯後來杯咖啡都行

能讓單人露營料理更上一層樓的，
莫過於酒精和餐後咖啡。
建議單人露營時攜帶能保溫保冷，
具有機能性的登山杯。

Snow peak
不鏽鋼登山杯 310ml

不鏽鋼製，握把是固定的，手感更加穩固。跟鈦金屬相比雖然比較重，不過很便宜，單人露營的新手，可以考慮從這款下手。

雪拉杯

體積小，卻相當方便的器皿

雖然光有這個就能感受到戶外活動的氛圍，讓人情緒高昂，但它也是兼具杯子、量杯、碗等多種用途的實力派器皿。露營時絕不可缺。

HIGHMOUNT
鈦金屬滴漏雪拉杯

比不鏽鋼製的更輕，也不像水壺那麼佔空間，想煮點開水時超級方便。

水壺

重視保溫、攜帶性的話就選這個！

水是烹調料理時不可或缺的東西。
由於露營處不一定可以取水，
最好用水壺裝好帶去。
如果使用有保溫效果的水壺，
便可盛裝熱水。

mont-bell
Alpine Thermo 保溫瓶 0.5L

在極寒之地也能維持保溫效果，專
門開發供登山使用。早上裝好熱開
水帶去，中午還可以泡泡麵！若以
保溫效果來選，這個準沒錯。

nalgene
寬口彈性折疊水袋 1.5L

沒裝水時可以折疊收納的水袋。容量有
1.5L，足以供應午餐、路途中飲用的水
量。喝掉的水只要擠出多餘的空氣就能
縮小體積。因為和水壺不同，背包裡不
會一直傳出水聲，這點也很棒！

單人露營料理食材

單人露營料理的重點在於，
選用易購得的食材，再加上一些簡單的變化，
順從自己的欲望做出美味的料理。
這裡要介紹我常用的萬能食材。

鮮切（截切）、預煮過的蔬菜

在露營地清洗、切菜很費力，活用已經切好的蔬菜比較方便。最近市面上出現根據料理的不同用途，蔬菜的種類也不同，因此有更多選擇。針對烹調時得花時間燉煮的根莖類蔬菜，超市也有販售預煮過的蔬菜包。

快煮義大利麵、袋裝拉麵

可以節省煮麵時間。除了一般義大利麵或通心粉，還有寬扁麵類麵條，種類豐富，能變化更多料理。至於拉麵，只要把飯放進麵湯裡，就能做成雜炊粥，尤其適合無法處理湯汁垃圾時。

米、年糕

如果要帶生米去露營，可將米、水放入有刻度的水壺裡（例如乳清蛋白搖搖杯），就能在途中先完成泡水的步驟。密封包裝的白飯或炒飯這類鬆散的飯，不用加熱也可直接拿來用。而年糕只要直接丟進湯裡，就能煮成年糕湯了！

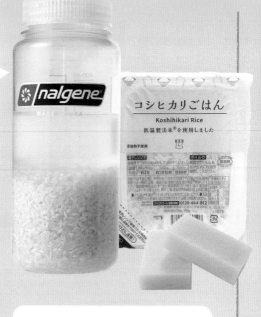

調味粉、醬料包

我很推薦只要加入食材就能做好料理的調味粉或醬料包，因為本身已有調味，不用帶其他調味料去。超市販售的調味粉種類多樣，只要搭配鮮切蔬菜，馬上就能完成一道料理。

即食、冷凍食品

最近連便利商店的冷凍食品種類都變得豐富了起來。只要搭配自己喜歡的香料和蔬菜，立刻就能做出獨創菜色。罐頭食品不管是加熱後直接吃，亦或加入其他食材搭配都 OK。

風味十足的調味料

雖然光靠冷凍食品或罐頭就能完成調味，
不過，加上少許香料、調味料也能變換口味。
以下要介紹我很愛用，而且一再回購，
十分推薦的調味料。

撒一下，美味爆增

不愧是打著戶外活動用香料之名的調味粉，不管是魚、肉、蔬菜，靠這瓶就能搞定。混合了超過 20 種調味料，也帶有鹹味，當你不知道該怎麼調味時，用「HORINISHI」就對了。因為有明顯的蒜味，推薦給喜歡吃蒜的人。

MAXIMUM
萬能調味粉

LiloSHI
主要使用的香料

肉舖製作的正統香料。從宮崎縣的當地名產，一舉躍為戶外料理不可或缺的人氣香料！主菜自然不用說，跟炒飯或炸物也非常搭配。順帶一提，除了原味之外，還有「柚子」和「芥末」口味。

HORINISHI
萬能調味粉

HORINISHI
萬能調味粉（辣味）

可以輕鬆享受到
明太子微辣的風味

明太子製造商 FUKUYA 製作的調味料。撒在白飯、炒飯或是烤好的肉上，就能享受到明太子那種好吃停不了口的微辣風味。想吃不同風味的薯條時，也很適合使用。

黑瀨萬能香料

明太子調味粉

戶村燒肉醬

讓雞肉美味升級！

福岡的雞肉專賣店開發的香料。除了雞肉，調理其他肉類或炒蔬菜時也能派上用場。跟 p.22 介紹的調味粉相比，味道更溫和，適合想帶小孩子去露營的人使用。

蒜味明顯的
萬能醬汁

這款可以一次用完、200g 的小瓶尺寸燒肉醬，讓人可以開心使用。因為醬汁中加入了香蕉和蘋果，當我想添增些許甜味時，絕對少不了這瓶。炒菜、烤肉和煮炊飯時，也都能派上用場！

備妥所有單人露營用具前，
先試試百元商店的商品？

如果是初次去露營，一下子要備妥所有用具，會讓人覺得
門檻很高。這種時候我推薦百元（日幣）商店的露營用具。
最近的百元商店（有些東西的價位可能會比較高）也開始著力於
開發露營用具了。在買正式的用具前，何不試試這些商品呢？

鑄鐵鍋

「我從來沒用過鑄鐵鍋耶……」
就算是這樣的新手也很推薦購
入。雖然價格不是百元（日幣），
大概三百元（日幣），但尺寸、
形狀的選擇也很多。在百元商店
除了鑄鐵鍋，也能買到壽喜燒用
鍋具。

鋁製擋風板

有些登山爐遇到風時火力較不穩
定，有了這個就很方便。此外，若
使用的是輕便的單爐用款式，
放進背包裡也不佔空間。附
有攜帶用的袋子這點也很令
人高興。

吹火棒

便於調整營火的用具。因為體積小
又便宜，可以考慮搭配戶外
柴火爐一起購入！找不到吹
火棒時，也可以用兒童充氣
游泳池的充氣管代替。

小罐調味料

小罐的調味料、美乃滋、油很適合單人露營時使用。要特地把調味料分裝成小瓶露營用很麻煩,而且能當下用完的話,就可以減輕回程時的行李重量。

蛋盒

百元商店有販售很多攜帶雞蛋等易碎食材的收納盒,也有適合單人露營用,只能裝兩顆蛋的蛋盒。雖然品牌商品很好,不過我也很推薦注重 CP 值的人來百元商店選購。

也很推薦這些商品!

折疊式湯勺

雖然用湯匙也可以,但即使只多了一個人,有帶湯勺更方便分取料理。

拋棄式烤肉爐

可以輕鬆享受炭火烤肉的樂趣,收拾起來也很輕鬆!只要在車上備一個,突然想去山裡烤肉,或不小心忘了帶燃料,都能說烤就烤!

露營用具屬於季節性商品 & 以安全第一為選購原則

露營用具當中也有不少要價不菲的商品。不過在看價格之前,我希望大家能先思考一下,商品是否能夠「安全」使用。尤其是會接觸到火的炊具,不管是保護自身安全,還是保護露營場或山裡的環境,安全是最重要的。雖然百元商店的商品也有堪用的東西,不過我只是基於試用露營用具的前提,才會推薦大家使用百元商店的商品。

此外,百元商店的商品還有一點需要注意的,就是露營相關用具屬於季節性商品。尤其露營用品大多是夏季的主力商品,在其他季節如果不是去大型店鋪,可能會品項不齊。所以在露營前才去百元商店,可能會買不到想要的商品,這點需要特別留意。

單人露營料理
更需要注意的
「用火安全須知」

單人露營、戶外活動開始流行起來，在戶外下廚、享受美食的人也增加了。不過正因為要用火，所以還請大家再次確認自己是否安全用火。在戶外下廚由於會使用到瓦斯，是有可能引發重大事故的。這裡提及的是在 SNS（社群網路平台）上也經常會看到的危險行為。為了度過愉快的時光，請大家確實理解用火安全須知，再開始下廚吧！

1 因輻射熱而引發爆炸

一體型的單口登山爐因為體積小，是單人露營時常會攜帶的登山爐，可是在單口登山爐上使用鐵板，或是烤網來烤肉或魚，等於是處在空燒的狀態下，溫度會持續上升，產生的輻射熱會使正下方的瓦斯罐變熱，最危險時還有可能會爆裂。分離型登山爐也是，如果放在樹脂製或木製的桌子上，有可能會導致桌子變色、變形，建議放在爐具專用隔熱墊，或是盛了水的金屬托盤上使用。

2 在草地、落葉上烹調導致爐火延燒

秋天的落葉雖然拍起來好看，但爐火可能延燒到落葉引發火災。在落葉上使用低矮的焚火檯或登山爐時要多加留意。用火時，最好利用焚火檯用的防火地墊或桌子、先清掉地上的落葉，或在遠離易燃物處使用登山爐。我在單人露營時會喝酒，酒後可能會變得精神渙散，怕一時失手讓火延燒到其他物品，所以我會把廚房用小型滅火器放在手邊。

3 要在平坦的地方烹調

最好避免在凹凸不平的地面上烹調或生火。尤其一體型登山爐因重心較高，容易傾倒，可能打翻滾熱的料理而燙傷。

此外，桌子如果沒放平，桌上的東西容易滑動。烹調時若會用到水，可將水倒入鍋具，以確認桌子是否放平。如果會常把分離型登山爐放在不平整的地面上使用，比起四支腳架，三支腳架的款式站得比較穩。至於一體型登山爐，因為OD瓦斯罐有專用的「固定底座」，也可以用來當輔助。

4 留意夏天的水泥地＆車內

盛夏時期，受到陽光直射的水泥地發燙到足以燙傷的程度。若僅因爐可以放得比較穩，就在陽光直射下的水泥地或石頭上烹調，瓦斯罐會逐漸變熱，可能因此爆裂，要特別留意。最好在溫度不易升高的地面或陰涼處使用。此外，酷暑時車裡猶如三溫暖，不少人會在露營回程順道去泡溫泉，但若在泡湯時把瓦斯罐放在車裡非常危險。建議將瓦斯罐收入保冰箱裡，避免被陽光直射。即便空的保冰箱也具有隔熱效果，能避免溫度突然上升。

5 依據季節使用不同的瓦斯罐

瓦斯罐分為「CB罐」和「OD罐」兩種。「CB罐」是在自家煮火鍋時，搭配卡式爐用的細長型瓦斯罐。而「OD罐」是主要用在戶外活動的圓形瓦斯罐。CB罐比較便宜，在便利商店等處買得到，可是不耐低溫，在冬季正冷時，火力常會變弱。OD罐的單價比較高，但耐寒且火力穩定，最小尺寸的放進背包裡也不佔空間。不過即便是OD罐，在極寒冷地區也很難發揮正常的火力，這時就要改用丙烷比例較高的冬季用瓦斯。

完美處理垃圾，
是戶外烹調的基本原則

在戶外開伙，最大的問題就是垃圾。如果是在露營場烹調，一定要遵守露營場的規定，做好垃圾分類並丟到垃圾場。如果是在沒有常設垃圾場的地方，記得要把垃圾帶走。

不過實際要帶走垃圾時，該如何處理殘留的湯汁、油、廚餘，著實令人傷腦筋。我最常使用的是夾鏈袋，或是在超市等處購物時拿到的塑膠袋。

先將冷凍食品的外包裝，以及裝液體的小包裝放入露營鍋具裡，再整個放進袋子裡帶走，就能避免液體流出。如果用到油，可先用市售的吸油海綿這類商品把油吸乾，再放入夾鏈袋中，就不用擔心油會外漏。再來是煮義大利麵等麵條的煮麵水，不能隨便倒在戶外。以我來說，我會用煮麵水來煮湯，也會把白飯放入拉麵剩下的湯汁做成雜炊粥，再把這些湯水全都喝光。

順帶一提，我也是個獵人，所以在處理垃圾時，會秉持著「不讓垃圾發出聲音」的原則。走路時行李發出沙沙或哐啷哐啷的聲音，很容易嚇跑獵物，所以我會用食材的包裝袋當作緩衝材，防止垃圾和炊具撞在一起發出聲響，再全部帶走。

醬料包等有液體的垃圾先放入保存容器（圖中粉紅色容器），再把容器放入鍋具中帶回，就不用擔心液體漏出。此外，可以用食材的包裝袋當緩衝材，防止保存容器在鍋具裡因碰撞而發出聲音。

沒有垃圾袋時，可以用冷凍食品的外包裝來當垃圾袋。免洗筷可以折斷，能縮減垃圾的體積，所以我在戶外開伙時都使用免洗筷。

只要把吸了油的吸收劑，或是餐巾紙放入夾鏈袋裡，背包就不會沾上油污。另外。想把在家醃好的肉帶去露營，夾鏈袋也能派上用場，非常方便。

part 2

滿足食欲 的
單人露營料理

單人露營的樂趣在於，徜徉於戶外享用美味料理。
因為是自己吃的料理，更想盡情地大啖想吃的東西！
接下來，我要介紹給大家能夠滿足食欲的料理。
除了最能代表我的「熱壓三明治烤盤」以外，
還有使用單人露營時也能操作的「煮飯神器」、「露營鍋具」、
「鑄鐵鍋」所烹調的碳水化合物、起司、肉，都是撒滿香料，
簡單又不用腦的食譜。

煎、煮、蒸、炸樣樣通！

輕便好用的
煮飯神器

說起煮飯神器，相信很多人都會覺得是個飯盒吧？
然而，它其實是能夠做出各式料理的萬能炊具。

要用來做什麼都行
「總之帶這個準沒錯！」
的方便炊具

不僅可以煮飯，也
能煮湯汁料理，多
加點油，還能烹調
炸類料理，有些商
品還附帶蒸網。鋁
製的材質，既輕巧
且導熱效果佳，
不過也很容易燒
焦，要多加留意。
此外，使用時也要
考慮到空燒（例如
製作煙燻料理）太
久，可能會因過熱
而變形。

高度夠高，
適合煮湯汁料理，
蓋子也能變身為炊具

雖然各家商品尺寸不一，但我
常用的 Trangia 750ml 煮飯神
器因為高度有 6.2cm，可以放
下一整包快煮義大利麵，並且
麵條吸飽水分後，還有足夠的
空間烹調。也可以用本體煮好
白飯之後，用蓋子烹調配菜。

6.2cm

依烹調方式，
選擇經過陽極處理，
或是塗層加工的商品

經過陽極處理的煮飯神器就算大
力刷洗，或者直接拿刀在裡面切
食材都沒問題，但若是塗層加工
款式的，刷洗和刀切會使表面塗
層脫落。若想避免食材燒焦、沾
鍋，塗層加工是最佳選擇；若想
輕鬆使用，就選陽極處理。

輕巧不佔空間，
還能收納其他用具

由於煮飯神器的握柄可以折疊收
納，便於攜帶且不佔空間。加上
煮飯神器的容量大，可以將酒精
爐、爐架或餐後製造的垃圾全都
收納，這一點令人相當滿意。

〈Trangia〉
煮飯神器

是導熱效果佳的鋁製
品，即便是用酒精爐
也能煮飯。除了單人
露營之外，平常也可
以當成便當盒使用。

又滑又嫩的
溫泉蛋拌上牛肉
超級美味！

這個好用

鮮切蔬菜

材料

壽喜燒用牛肉…180g
鮮切蔬菜 (豆芽菜、洋蔥、高麗菜)
　…200g
壽喜燒醬…適量
溫泉蛋…1 顆

做法

1. 將鮮切蔬菜放入煮飯神器，鋪滿整個底部。

2. 把牛肉攤開排放在做法1上面，蓋上蓋子。

3. 等牛肉煮熟、蔬菜變軟後，倒入大量壽喜燒醬汁煮滾。

4. 依個人喜好放上溫泉蛋即可。

調味

「壽喜燒醬」
市售有比家庭用的一半還少的 200ml 瓶裝尺寸。如果是用煮飯神器煮壽喜燒，整瓶倒下去也 OK。可以一次用完，所以不用擔心回程時醬汁液體外漏。

POINT

溫泉蛋放在 2 或 4 顆裝的蛋盒帶去，就不會破了。如果帶烏龍麵，還能享用滿滿肉汁的牛肉烏龍麵。

32

邪惡度
★★

即使是重大節日也能使用煮飯神器，
只要把食材丟進去就能完成！

把食材丟進去就好的
隨便壽喜燒

▶ 可參照「隨便做１人份壽喜燒，配威士忌蘇打調酒爽吃一波」影片

濃濃奶香＆香辣美味的
熱呼呼燉煮料理

辣味讓人難以忘懷的
奶油燉白菜

▶ 可參照「吃了奶油燉白菜後天氣突然變差了」影片

邪惡度
★★★

辣油的
香辣滋味
超帶勁！

材料

雞腿肉塊…250g
鮮切白菜…1 包（200g）
鮮切鴻喜菇…1 包（50g）
中式奶油燉白菜醬料包…1 包
水…1 杯
辣油…適量

做法

1. 將水倒入露營鍋具中稍微煮滾，放入雞腿肉。

2. 等雞腿肉煮熟後，放入白菜、鴻喜菇繼續煮。

3. 將奶油燉白菜醬料包加入做法2中煮滾，最後依個人喜好加入辣油即可。

調味

「奶油燉白菜」
不管哪種葉菜，都能搭配這種醬料包煮成中式燉菜。如果買不到，可以改用西式的奶油燉菜醬料包，加入中式高湯粉烹調。

POINT
只要選購超市販售的，已經切成一口大小的肉品，就不用準備菜刀。也可以用其他切好的菇類或高麗菜，代替鴻喜菇和白菜。

邪惡度
★★★★

法國麵包脆餅的甜味與
＼蒜味橄欖油風味的未知體驗／

超偷懶的橄欖油
蒜味海鮮

▶ 可參照「大塊朵頤橄欖油蒜味海鮮」影片

材料

冷凍橄欖油蒜味海鮮組
合包（蝦仁、貽貝、花枝、
蘑菇）…1 包（50g）
冷凍綜合蔬菜
　…1/2 包（100g）
蒜味橄欖油…1/4 杯
橄欖油蒜味海鮮調味粉
　…1 包
法國麵包脆餅（帶砂糖）
　…適量

做法

1. 直接將未解凍的冷凍橄欖
油蒜味海鮮組合包（或是
冷凍綜合海鮮包）、冷凍
綜合蔬菜放入煮飯神器
中，再倒入蒜味橄欖油。

2. 將做法1放到爐火上加
熱，倒入橄欖油蒜味海鮮
調味粉，持續加熱到食材
變得溫熱。

3. 將做法2放到法國麵包脆
餅上食用。

調味

「橄欖油蒜味海鮮調味粉」
只要加上油和食材攪拌混
合，就能做出西班牙經典的
橄欖油蒜味海鮮料理。因為
是粉末狀又已經調味，不用
再帶其他調味料。

橄欖油蒜味海鮮是在橄欖
油中加入大量蒜頭的料
理，但那樣做太麻煩了，
直接用蒜味橄欖油比較方
便。搭配法國麵包脆餅就
不用特別將麵包切片，簡
單又好吃！

POINT

砂糖和蒜香味

意外合拍！

連充滿了
豬肉和白菜精華的醬汁

都想喝個精光！

光是把豬肉和白菜疊在一起，
就能做出如此美味料理！

依個人喜好調味的
千層白菜豬肉鍋

▶ 可參照「用酒精爐煮千層白菜豬肉鍋，再來杯威士忌蘇打調酒」影片

材料

鮮切白菜…1包（200g）
豬五花肉…200g
高湯粉（飛魚味）…1包
HORINISHI 萬能調味粉
　…適量

煮之前雖然會覺得量很多，
但煮熟後就會縮減了。

做法

1. 依照白菜→豬五花肉
→白菜→豬五花肉→
白菜的順序，將材料
放入煮飯神器中，撒
上萬能調味粉。

2. 加入高湯粉，蓋上蓋
子，煮到豬肉熟透、
白菜變軟即可。

調味

「一人鍋高湯粉」
這次雖然用了比較清爽的「飛
魚味」高湯粉，但也可以依個
人口味改成泡菜口味，或是豆
漿口味的湯底。

POINT
食材吃光後留下的湯汁，只
要加入米煮成雜炊粥，就能
連湯汁全吃完。米可以買冷
凍即食白飯，不用加熱，直
接放入湯汁烹煮即可。

39

只要放入食材，

露營場便會

變成西班牙囉！

充滿肉、海鮮的鮮美滋味，
＼ 豐富美妙的西班牙海鮮燉飯 ／

西班牙
綜合海鮮燉飯

▶ 可參照「用綜合海鮮煮西班牙海鮮燉飯後收拾乾淨」影片

材料

米…1 杯
水…1 杯
綜合海鮮
　…1 包（50g）
雞腿肉塊…250g
西班牙海鮮燉飯
調味粉…1 包

做法

1. 米浸泡水備用。

2. 連米帶水全倒入煮飯神器中，加入綜合海鮮、雞腿肉、海鮮燉飯調味粉後攪拌混合。

3. 將做法2放到爐火上加熱，煮滾後轉小火續煮約 15 分鐘，等傳出啪啪聲後迅速轉為大火，煮至水分收乾。

4. 做法3熄火，繼續燜約 10 分鐘即可。

調味

「西班牙海鮮燉飯調味粉」

推薦想減輕露營行李重量的人使用這種粉末狀調味包。也有以蕃茄或魚類為基底的口味，產品種類豐富。

處理米的訣竅是出門前先浸泡水。只要把米、水倒入運動水壺中，移動過程中米就能泡好了。倒入 1 杯米後，大概加入約 400ml 的水就 OK。

POINT

用鰻魚醬汁製作
＼ 正統的美味炊飯！／

營養美味的
根莖類蔬菜炊飯

材料

米…1 杯
水…1 杯
預煮過的根菜雜燴湯
食材包*
　…1 包（300g）
鰻魚醬汁…2 大匙

＊編註：這裡使用的是市
售的日式根菜雜燴湯食
材包，食材包中包括：胡
蘿蔔、白蘿蔔和小芋頭等
根莖類，以及蒟蒻丸、湯
汁等。

做法

1. 米浸泡水備用。

2. 把吸飽水分的米放入煮飯
神器中，加入與剩餘的泡
米水同等份量的食材包湯
汁、根莖蔬菜等食材、鰻
魚醬汁，攪拌混合。

3. 將做法2放到爐火上加
熱，煮滾後轉小火續煮約
15 分鐘，等傳出啪啪聲後
迅速轉為大火，煮至水分
收乾。

4. 做法3熄火，繼續燜約 10
分鐘即可。

調味

「**鰻魚醬汁**」
即使沒有特別帶味醂、醬油
出門，只要準備鰻魚醬汁，
就能煮出美味炊飯。

根菜雜燴湯食材包不建議購
買冷凍的，最好是買預先用
高湯煮過的。用食材包裡的
高湯代替剩餘的泡米水，煮
好的炊飯更好吃。

POINT

米飯裡融合山與海的滋味，豐盛可口！

靠香料讓蕎麥麵店的
＼咖哩變得別有一番風味／

和風湯咖哩
義大利麵

▶ 可參照「煮了日式香辣湯咖哩吃得呼哈呼哈」影片

香辣的湯汁配上
吸飽了高湯的義大利麵
GOOD！

材料

快煮筆管麵…1 包
冷凍烤蔬菜…50g
日式湯包粉…1 包
咖哩塊…1 塊
粗粒黑胡椒…適量
水…350ml

做法

1. 將水倒入煮飯神器中煮滾，放入筆管麵稍微攪拌，避免麵黏在一起。

2. 將烤蔬菜、湯包粉和咖哩塊加入做法 1，轉成小火，按照筆管麵包裝上所標示的時間把麵煮熟，並攪拌到湯汁稍微變濃稠。最後依個人喜好撒上黑胡椒即可。

調味

「日式湯包粉＆咖哩塊」

用了日式湯包粉，可以品嘗到像蕎麥麵店的咖哩烏龍麵的味道。但要注意，若選用辣味咖哩塊，香料會讓咖哩失去日式風味。

POINT

在山裡吃義大利麵會碰到的問題就是煮麵水。用較少的水煮義大利麵，可避免留下太多水，而且加了咖哩塊煮成湯咖哩義大利麵，就能直接把湯汁喝掉。

在燴義大利麵上放了日式炸雞，

承載了欲望美食的一盤

材料

炒麵用鮮切蔬菜
　…1 包（200g）
快煮義大利寬麵…1 包
冷凍日式炸雞…4 個
糖醋里肌醬…1 包
水…250ml
塔巴斯可辣椒醬…適量
起司粉…適量

做法

1. 將水倒入煮飯神器中煮滾，放入鮮切蔬菜、義大利寬麵。

2. 等義大利寬麵煮到散開之後，放入冷凍日式炸雞（不用解凍直接放入）。

3. 等做法2煮至水分變少，加入糖醋里肌醬攪拌混合。

4. 依個人喜好，加上適量的塔巴斯可辣椒醬、起司粉即可。

調味

「糖醋里肌醬包」

市售的糖醋里肌醬包通常是2～3人份量，不過和義大利麵的煮麵水拌在一起，正好可以調整濃度，避免口味太重。

POINT

在自己家裡煮時，建議改用馬上回溫的冷藏日式炸雞。而去露營時煮，冷凍日式炸雞會在移動途中慢慢回溫，所以不用擔心。

名古屋的知名菜色＆炸雞
\ 高熱量美食的絕妙搭配 /

糖醋里肌風味
燴義大利麵

▶ 可參照「煮糖醋里肌風味義大利寬麵，搭配威士忌蘇打調酒大吃一番」影片

邪惡度
★★★★★

47

用調味咖哩粉，
\ 調配自己喜歡的香料風味 /

蕃茄咖哩湯
義大利麵

▶ 可參照「就只是煮了蕃茄咖哩湯義大利麵」影片

運用冷凍乾燥食品，

減輕行李重量

材料

快煮義大利麵（3分鐘）…100g
冷凍乾燥湯塊（蕃茄咖哩味）…1塊
調味咖哩粉…適量
粗粒黑胡椒…適量
水…250ml

做法

1. 將水倒入煮飯神器後煮滾，放入義大
   利麵並稍微攪拌，避免麵條黏在一起。

2. 在 1 當中加入冷凍乾燥湯塊後轉成小
   火，煮到幾乎沒有湯汁時加入調味咖
   哩粉攪拌，依個人喜好撒上適量黑胡
   椒即可。

調味

「冷凍乾燥湯塊」
只要用自己喜歡的湯煮義大
利麵，就絕對好吃。冷凍乾
燥湯塊不僅有湯還有配料，
很適合在單人露營時使用。

POINT

只要有調味咖哩粉，就
算不小心加太多水使味
道變淡也還能補救，而
且即使調味失敗，只要
有這罐就OK。咖哩真
是太棒了！

49

材料

冷凍蒸餃…適量
冷凍小籠包…適量
水…80ml

HORINISHI 萬能調味粉醬汁
| 醬油…1 大匙
| 醋…1 大匙
| HORINISHI 萬能調味粉…適量

高湯鮮美醬汁
| 麵味露（2 倍稀釋）…1 大匙
| 辣油…1/2 小匙

做法

1. 把蒸網放入煮飯神器中，倒入水。

2. 將未解凍的餃子、小籠包直接放進去，蓋上蓋子。

3. 用中火加熱約 10 分鐘。

4. 分別調好兩種醬汁，搭配餃子、小籠包食用即可。

調味

「萬能調味粉」

試著在餃子隨附的醬汁裡加上「HORINISHI」之類的萬能調味粉如何？想為戶外料理的口味做些變化時，萬能調味粉是不可或缺的好幫手。

POINT

天冷時，能在山裡吃到熱呼呼的蒸籠料理更是令人滿足。除了冷凍食品外，蒸肉包也不錯。只要在蒸網下放煙燻木片，也可以做出煙燻料理。

在山裡享受
吃港式飲茶的氛圍
超幸福呀！

50

煮飯神器的樂趣，
＼ 就是享用蒸籠料理 ／

熱呼呼的蒸餃
＆小籠包

可以取代白飯的
\ 簡單和風甜點 /

加了滿滿年糕的
紅豆湯

▶ 可參照「吃加了年糕的紅豆湯後收拾乾淨」影片

材料

水煮紅豆罐頭…1 個（200g）
年糕…3 塊
鹽…少許
水…150ml
煉乳…適量

做法

1. 將水倒入煮飯神器後煮滾，放入水煮紅豆罐頭，稍微攪拌一下。

2. 把年糕直接放入做法 1 中。

3. 加入少許鹽，煮到年糕變軟。可依個人喜好加入適量煉乳享用。

調味

「煉乳」
紅豆湯因為加入煉乳會變得更甜。加鹽也可以引出甜味，但若覺得特地帶鹽很麻煩，也可以不加。

POINT
用巧克力取代煉乳加入紅豆湯也很好吃。如果不想等年糕解凍，可以改用切成薄片的「涮涮鍋用年糕」。

能消除所有疲勞

暖心的甜味

光有一個就能變化多種用途的
露營鍋具

雖然看起來就是普通鍋子，但是由大小鍋子和
平底鍋組成，是很適合單人露營使用的炊具。

**有鍋子！有平底鍋！
光有這一個
就能做出各種料理！**

我建議準備一個能煮飯的鍋子、一個能煮湯類料理的鋁鍋，再加上一個附有蓋子，且蓋子能當平底鍋用的多功能鍋。如果單人露營時不常烹調，就只要準備鍋具就夠了。

用表面塗層的鍋具，就算是煮乾拌麵也不怕燒焦

雖然市面上有販售鋁、不鏽鋼、鈦合金等材質製成的露營鍋具，但我個人推薦使用有氟素樹脂塗層的不沾鍋。選用有塗層的鍋具，可以放寬心烹調易燒焦的料理。

活用可以當成盤子或平底鍋使用的鍋蓋

有些露營鍋具的蓋子有做不沾加工，也有可以拿來當成平底鍋使用的款式。我會用鍋子煮拉麵或飯，用蓋子當平底鍋炒菜，並直接當盤子來用，藉此減少露營時需要攜帶的行李。

可以堆疊收納，便於攜帶

選用小鍋和大鍋可疊收，成套販售的露營鍋具，不僅容易收納，且易於攜帶。如果單人露營時沒有要做那麼多料理，可以只帶放得下拉麵這類比較大的食材的鍋子即可。

〈UNIFLAME〉
飯鍋煎鍋三件組

由飯鍋（左下）、鋁鍋（右下）、平底鍋（中上）組成的一套露營鍋具，只要有這組鍋具就能煮出飯、湯和配菜了。

不管在哪裡吃，凝聚了都能吃到的滋味！

只靠蔬菜和海鮮的水分
\ 煮出的超濃郁什錦炒麵 /

路邊攤的
日式什錦炒麵

▶ 可參照「戶外吃了什錦炒麵後收拾乾淨」影片

材料

什錦炒麵…1 包
含肉片的鮮切蔬菜…1 包（150g）
冷凍綜合海鮮（蝦仁、花枝、蛤蜊）…50g
牛脂（或沙拉油）…適量

做法

1. 露營鍋加熱後抹上牛脂，放入含肉片的鮮切蔬菜拌炒，大致炒熟後加入冷凍綜合海鮮。

2. 等做法1炒至出水後放入炒麵，一邊把麵條拌開一邊拌炒，讓材料與麵條混合。

3. 把做法2附的湯包倒入，炒到水分收乾為止。

調味

「什錦炒麵的湯包」

使用整包什錦炒麵附的湯包調味。想要換口味的話，可以加伍斯特醬做成炒拉麵風味。

POINT

一開始用牛脂炒蔬菜，可以引出蔬菜的鮮美滋味。在買肉時要一點牛脂回來先冷凍，帶去露營時牛脂就不會在途中融化。

滲入烏龍麵裡的肉汁，
美味令人為之顫抖

牛雜＆追加雞肉的
濃郁牛雜鍋

▶ 可參照「天氣超級冷所以煮了牛雜鍋，最後用烏龍麵收尾」影片

邪惡度
★★

牛＆雞的
雙重肉汁在口中

徹底爆發！

牛＆雞的

這個好用

鮮切蔬菜

材料

牛雜鍋調理包（含食材）
…1 包
鮮切蔬菜（牛雜鍋用韭菜、高麗
菜、牛蒡絲）…1 包（250g）
雞翅中段…5 支
烏龍麵…1 包
辣椒…適量

做法

1. 將牛雜鍋調理包的食材連
同高湯一併倒入露營鍋中，
加入鮮切蔬菜、雞翅中段、
辣椒後蓋上蓋子加熱。

2. 等做法1的食材煮熟後就
可以享用了。

3. 吃完做法2的食材之後，
再把烏龍麵放入剩下的湯
汁裡煮滾即可。

調味

「牛雜鍋調理包」

只要把整包牛雜鍋調理包放
入煮即可。因為沒有另外加
水，單靠高湯和蔬菜的水分
煮雞翅中段，所以能釋出食
材精華風味，濃郁鮮美。

在戶外烹調時，可直接放入
未解凍的雞肉，但需花比較
久的時間才能煮透。若覺得
處理雞翅中段的骨頭很麻煩，
可以改用雞腿肉。

POINT

59

大塊的

牛排肉

吃起來超有嚼勁

這個好用
調味粉包・
湯包

用預煮過的蔬菜能省下
\ 不少精力與燉煮時間 /

幾乎不用煮的
咖哩肉塊

▶ 可參照「以大塊的咖哩牛肉搭配煮飯神器烹調好的
　白飯，搭配無酒精啤酒爽吃一波」影片

材料

牛肉（牛排用）
　…200g
黑瀨萬能香料…適量
預煮過的咖哩蔬菜包
　…1 包（320g）
咖哩塊…2 塊
水…1½ 杯
橄欖油…適量

白飯
| 米…1 杯
| 水…1 杯

做法

1. 將橄欖油倒入露營鍋中加熱，放入牛肉拌炒，炒至牛肉變色後撒入萬能香料。同時用煮飯神器煮飯（煮飯的方法可參照p.41）。

2. 將水、預煮過的咖哩蔬菜包食材，連同包中的湯汁一起倒入鍋中，煮滾後先將鍋子離火，放入咖哩塊。

3. 等做法2的咖哩塊融化後，再把鍋子拿到爐上用小火加熱，煮至變得濃稠，然後淋在煮好的白飯上即可。

調味

「咖哩塊＆黑瀨萬能香料」
我喜歡吃辣，所以用的是市售的辣味咖哩塊。就算沒準備鹽、胡椒醃肉，靠萬能香料調味也是綽綽有餘。

POINT
要在戶外燉煮蔬菜料理時，我很推薦使用有預煮過的蔬菜包，可以省下削皮的時間。蔬菜包裡含有高湯，一併放入鍋中更能添增料理的風味！

飯、拉麵、起司的
邪惡三重奏

拉麵起司燉飯

▶ 可參照「煮個拉麵炒飯、起司燉飯大吃一番」影片

一盤能夠滿足
對碳水化合物與油脂的

欲望邪惡料理

材料

袋裝拉麵…1 包
冷凍炒飯…1 包（170g）
起司片…3 片
蔥花（蔥綠）…1 小包（25g）
水…500ml

做法

1. 把水倒入露營鍋中煮滾，放入拉麵，按照包裝上的指示烹調，加入隨附的湯包粉和蔥花，煮好拉麵。

2. 吃完拉麵後，再次把鍋拿到爐火上，放入冷凍炒飯煮。

3. 在做法2上面鋪起司片，等起司片融化後稍微攪拌一下即可。

調味

「起司片」
雖然拉麵的湯和炒飯已經調味了，不過最後加入起司，能讓味道變得更濃郁、柔順。

POINT

這裡要處理不能隨便棄置於戶外的「湯汁問題」。雖然只要把剩下的湯汁吞完即可，但久了也會膩，所以碰到會留下較多湯汁的料理，就用萬能調味粉或起司來變換口味吧！

63

在山裡

經營一家

拉麵店！

這個好用

米

邪惡度
★★

享用時間差調理煮出的拉麵&
半份炒飯加煎餃套餐

必吃中式
拉麵套餐

▶ 可參照「大啖醬油拉麵加半份炒飯煎餃套餐」影片

材料

含配料的冷凍醬油拉麵…1 包
冷凍煎餃…6 顆
冷凍炒飯…1 包（170g）

做法

1. 露營鍋熱鍋，放入煎餃煎至解凍的程度。

2. 將做法1推到鍋面的一側，在空出來的地方放入炒飯後稍微拌炒，等炒飯解凍後蓋上蓋子，燜煮約 4 分鐘。

3. 等做法2煮熟後蓋上蓋子，上下翻轉，讓煎餃和炒飯盛在蓋子上。

4. 按照拉麵包裝上標示的份量把水倒入空出來的鍋中，煮滾，再放入含配料的冷凍醬油拉麵煮熟即可。

調味

「萬能調味粉」

直接享用冷凍食品已經調配好的滋味吧！如果覺得似乎少了點什麼，試試加一些「HORINISHI 萬能調味粉」之類的調味粉。

只要有較大的露營鍋&平底的蓋子，光靠露營鍋具組就能煮出三種料理。鍋具總給人只能煮湯的印象，但花點心力，也能煮、炒、煎。

POINT

\ 靠松阪豬的脂肪帶出鮮美滋味 /

滿滿油脂的
松阪豬咖哩炒飯

▶ 可參照「用鐵板炒咖哩謎肉炒飯 ＊，加上大量松阪豬」影片

（ 材料 ）

松阪豬肉⋯100g
冷凍咖哩炒飯
　⋯1 包（300g）
HORINISHI 萬能調味粉
（辣味）⋯適量
調味咖哩粉⋯適量
溫泉蛋⋯2 顆

（ 做法 ）

1. 露營鍋熱鍋，放入松阪豬肉拌炒，炒至肉變色且熟透，撒上調味粉。

2. 在做法1中加入冷凍炒飯拌炒，撒上調味咖哩粉。

3. 將溫泉蛋放到做法2上即可。

（ 調味 ）

「HORINISHI 萬能調味粉
（辣味）＆調味咖哩粉」

因為加了豬肉，光靠冷凍炒飯原本的調味，口味可能會太淡，建議先在肉上撒些萬能調味粉調味，若味道還是不夠，再加調味咖哩粉。

也可以用即食白飯取代冷凍炒飯。不用加熱，拆封後直接把白飯放入露營鍋中就OK。因為是白飯，可用香料或調味粉來調味。

POINT

　＊ **編註**：謎肉是指以豬肉、大豆製成的脫水肉丁，骰子狀。

肉汁在口中擴散開來

松阪豬脆脆的口感

也很有嚼勁！

因為不會有煮麵水，非常適合戶外料理！

材料

厚切培根（1cm 厚）…3 片
洋蔥（切片）…1/4 顆
青椒（橫切成細圈狀）
　　…200g
快煮義大利麵…100g
拿坡里義大利麵醬…1 包（130g）
黑瀨萬能香料…適量
水…220ml
橄欖油…適量
起司粉、塔巴斯可辣椒醬…各適量

這個好用

**義大利麵‧
麵‧澱粉類**

做法

1. 橄欖油倒入露營鍋中熱油，依序放入培根、洋蔥、青椒拌炒，等蔬菜都炒軟後撒上香料，取出備用。

2. 將水倒入做法1鍋中，煮滾後放入義大利麵，蓋上蓋子，依照包裝上指示的時間把麵條煮好。

3. 等義大利麵煮好，並且做法2的水分幾乎煮乾了，倒入橄欖油（材料量之外）攪拌，倒回做法1，再加入拿坡里義大利麵醬拌炒。最後依個人喜好，加上起司粉和塔巴斯可辣椒醬即可。

調味

「拿坡里義大利麵醬」
這道食譜中加了蔬菜，所以只加入義大利麵醬也無妨。因為不會剩下多餘的煮麵水，可以吃到更加濃郁美味的義大利麵。

POINT

雖然用煮麵水做成湯汁版義大利麵也不錯，但拿坡里義大利麵或肉醬麵，都不太方便做成湯麵，所以這道食譜是用很剛好的水量烹調的。如果加入更多蔬菜，必須再控制水量。

邪惡度
★

這就是喫茶店那個
\ 令人懷念的味道！/

不會留下煮麵水的
拿坡里義大利麵

▶ 可參照「沒有煮麵水！幾乎只用一鍋完成拿坡里義大利麵」影片

就算沒有配料，靠天婦羅花就能吃得超滿足

邪惡度 ★★★★★

材料

棒狀拉麵…1 把
拉麵附的湯包、油包
　…各 1 包
天婦羅花…3 大匙
蔥花（蔥綠）…適量
水…1 杯
芝麻油…適量
冰塊…適量

做法

1. 將水倒入露營鍋中煮滾，放入拉麵開始煮。

2. 把附的湯包和油包倒入做法1，仔細攪拌混合，撒入天婦羅花和蔥花。最後依個人喜好，淋上一圈芝麻油，再放上冰塊即可。

調味

「天婦羅花」
即便是沒有配料的素拉麵，只要加上天婦羅花，就能提高滿足度。我推薦用花枝或蝦仁風味的天婦羅花，加入一些，彷彿在吃配料豐盛的拉麵。

由於減少了煮麵水，藉著加入冰塊，正好能調整口味鹹淡。冰塊可以買便利商店現成的，也可以用水壺裝冰塊帶出門。

POINT

即使在戶外，
\也想品嘗涼爽的麵條！/
冰冰涼涼的
乾拌拉麵

▶ 可參照「涼拌棒狀拉麵配金麥啤酒爽吃一波」影片

軟綿綿

口感的雞塊

給人帶來新鮮感

邪惡的雞塊，
＼ 讓泡菜湯變得更加美味 ／

雞塊泡菜鍋

▶ 可參照「就只是在寒冷的地方煮了個雞塊泡菜鍋」影片

（材料）

白菜泡菜…80g
火鍋用鮮切蔬菜
　…1 包（220g）
鴻喜菇…1 包（100g）
冷凍雞塊…10 個
火鍋高湯包…1 包
水…1 杯

（做法）

1. 將白菜泡菜、鮮切蔬菜、鴻喜菇放入露營鍋中，倒入水，蓋上蓋子加熱燉煮。

2. 等做法1的蔬菜煮軟後，放入雞塊、火鍋高湯包，再繼續煮約 3 分鐘，煮到雞塊變得溫熱為止。

（調味）

「泡菜」

沒有泡菜鍋用的高湯包，只要直接加入泡菜就 OK 了。我也很推薦用便利商店賣的一餐份小包裝泡菜。

POINT

如果覺得裝生肉的塑膠盤很佔空間，只要改用袋裝的冷凍雞塊，垃圾只剩一個包裝袋！而且雞塊已經先炸過，能讓料理風味更濃郁。

因為是冷凍食品，即使只用少少的油

也能炸得酥酥脆脆！

材料

冷凍炸蝦…6 尾
冷凍青醬義大利麵…1 包
起司粉…適量
橄欖油…1½ 大匙
塔巴斯可辣椒醬…適量

做法

1. 將橄欖油倒在露營鍋的蓋子上，讓未解凍的炸蝦裹上橄欖油。

2. 把裹上橄欖油的炸蝦和蓋子裡剩下的橄欖油倒入鍋中，用半煎炸的方式烹調炸蝦。

3. 取出做法2，把冷凍青醬義大利麵放入鍋中拌炒。

4. 將炸蝦放在做法3上，依個人喜好，加入起司粉、塔巴斯可辣椒醬即可。

調味

「青醬義大利麵」
冷凍義大利麵口味很多，可挑選自己喜歡的口味。冷凍炸蝦本身也有味道，所以僅僅撒上起司粉就很夠味。

POINT
在戶外處理油炸用油很麻煩，但若選用油炸過的冷凍炸蝦，只要裹上少許油就能炸得又酥又脆。剩下的油只要拿來炒義大利麵就能用完。

開始半煎炸之前，讓冷凍炸蝦裹上一層油，就能用少量油煎炸出酥脆的麵衣。

邪惡度
★★★★

光用一個露營鍋具，
＼ 就能做出炸物和義大利麵！／
份量十足的
炸蝦義大利麵

做出柔嫩多汁的料理＆炸物都 OK 的

鑄鐵鍋

大家常以為這就是個沉重的小平底鍋，實際上卻很適合用來煎＆炸料理。

尤其推薦烹調肉類料理！就算是便宜的肉，也能煎得柔嫩多汁！

也可以加上蓋子，
讓熱同時從上下傳導，
達到類似烤箱烹調的效果

只要用成套的鍋蓋，就能從上下方同時加熱食材，最適合製作起司於食材上融化的料理。即使是比較厚、不易熟的食材，也能慢慢加熱至內部。

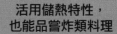

活用儲熱特性，
也能品嘗炸類料理

鑄鐵鍋因儲熱效果好，就算一下開火一下關火，油溫也不易下降，不僅可以輕鬆地分次慢慢享用剛炸好的料理，還能節省燃料。試著用成套的網架瀝掉炸物多餘的油如何？

保養很麻煩？
若經常使用就無須保養

鑄鐵鍋這類鐵製品清洗後，通常會建議抹上食用油保養。但若頻繁地使用，可以不用特別在意這個步驟。像我就沒有確實讓鑄鐵鍋乾燥和塗油保養。我在調理後會直接空燒，讓黏在鑄鐵鍋上的殘渣碳化，就能輕鬆去除髒污，就算不用水洗也能再次烹調。

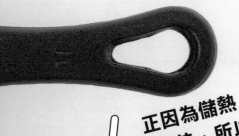

正因為儲熱
效果佳，所以
能利用餘溫烹調

〈和平 Freiz〉
露營用鑄鐵鍋套組

套組內含鑄鐵鍋本體，同材質的鍋蓋，以及在燻製時也能派上用場的網架。鍋蓋也能拿來當成第二個鑄鐵鍋使用。

由於鑄鐵鍋和鋁製平底鍋不同，有一定的重量，不過可以緩慢地導熱，所以烹調肉類時，我會推薦大家用鑄鐵鍋。一開始確實加熱，接著只要用鍋子的餘溫持續加熱，就能享用表面酥脆，裡面仍保有豐富肉汁的柔嫩肉塊。而且鑄鐵鍋也有保溫效果，即便在冬天也能吃到熱騰騰的料理。

大人和小孩都會迷上的
經典菜色

在戶外享用大家最愛的
經典早餐料理！

奶油炒培根菠菜玉米

這個好用

鮮切蔬菜

邪惡度
★★

材料

冷凍菠菜⋯1 包（150g）
培根（對切成半條）⋯10 片
玉米粒（55g）⋯1 包
HORINISHI 萬能調味粉
　⋯適量
切塊奶油⋯1 塊（10g）

做法

1. 取一半量的冷凍菠菜、一半量的奶油，放入鑄鐵鍋中加熱。

2. 將玉米粒放入做法1中，所有食材拌炒。

3. 等菠菜炒軟後，加入培根繼續拌炒。

4. 加入剩下的菠菜、奶油，拌炒至散發出奶油的香氣，最後撒上調味粉即可。

調味

「奶油 &
HORINISHI 萬能調味粉」

奶油能增添香氣，建議選擇獨立包裝的已切塊奶油。此外，只要一瓶 HORINISHI 萬能調味粉，就不用帶胡椒鹽等調味料，很方便。

POINT

刻意在之後才放入剩下的一半量奶油，更能品嘗到奶油的風味。玉米粒不要選罐裝的，小份量袋裝玉米粒更適合單人露營時使用。

用白醬就能
＼ 做出超簡單的起司鍋 ／

濃濃奶香起司鍋

材料

披薩用起司…1 杯
義式奶油白醬
　…2 包（140g）
厚切培根
（切成約 2cm 寬）…5 塊
日式炸雞…1 包
冷凍西式蔬菜
（花椰菜、胡蘿蔔）…適量
吐司（烤過後切成 3 等分）
　…1 片
HORINISHI 萬能調味粉
　…適量

做法

1. 將披薩用起司、奶油白醬放入鑄鐵鍋中，確實攪拌混合並加熱。

2. 把培根放入鑄鐵鍋蓋子中加熱，煎到稍微出油後放入日式炸雞、冷凍蔬菜加熱。

3. 把吐司拿到爐火上，稍微烤到表面變得香脆。

4. 等做法1加熱至開始冒泡，撒上調味粉即可。

調味

「義式奶油白醬」
起司鍋通常會加入紅酒，但這裡是用義式奶油白醬取代。建議選用一盒內分成數個小包裝的產品。

POINT
雖然想拿各種食材沾起司吃，但在戶外要準備太麻煩了。可以善用便利商店的熱食類點心，像日式炸雞、法蘭克福香腸、薯條等，沾起司都很美味。

沒有紅酒也完全沒問題，有日式炸雞就能帶出高級感

吃了無法和人碰面說話的
超濃厚大蒜香味

加了大量蒜頭的橄欖油蒜味雞皮

▶ 可參照「爽吃彷彿世界末日般的蒜味雞皮與精製雞油」影片

材料

切好的雞皮…200g
去皮大蒜…2 顆
橄欖油蒜味海鮮調味粉…1 包
辣椒段…適量
法國麵包（切成 2cm 厚的片狀）…適量

做法

1. 將雞皮、大蒜放入鑄鐵鍋中，加入橄欖油蒜味海鮮調味粉，蓋上蓋子後加熱。

2. 將做法1的蓋子打開，確認雞皮的油脂已經煎出並滾燙得冒泡，加入辣椒，持續加熱到散發出香味為止。

3. 將做法2的雞皮、大蒜放到法國麵包上食用。

調味

「橄欖油蒜味海鮮調味粉」

這次用了橄欖油蒜味海鮮調味粉，但若改成加入醬油、味醂，就變成日式風味。若覺得戶外開伙要帶兩種調味料太麻煩，也可以改用鰹魚醬油。

POINT

即使沒有準備法國麵包，只要把便利商店的吐司稍微烤得酥脆，搭配起來也很好吃。也可以配著 p36「超偷懶的橄欖油蒜味海鮮」裡介紹過的法國麵包脆餅。

令人不禁噴汗的美味！

大量的蒜頭配上雞皮

這個好用

調味粉包・
湯包

邪惡度
★★★★

想配著啤酒一起下肚的

微辣下酒菜

\ 大人最喜歡的速食菜色 /

最愛的爆米花 &
烤馬鈴薯

烤馬鈴薯

(材料)

馬鈴薯（只從上半部以約
3mm 的寬度切入）…2 顆
披薩用起司…1/2 杯
HORINISHI 萬能調味粉
（辣味）…適量
橄欖油…適量

(做法)

1. 把馬鈴薯並排放入鑄鐵鍋
   中，倒入較多的橄欖油。

2. 蓋上蓋子加熱 15 ～ 20 分
   鐘，加熱到馬鈴薯熟透。

3. 打開蓋子，加入起司、
   萬能調味粉，再次蓋上
   蓋子加熱 2 分鐘，直到
   起司融化即可。

爆米花

(材料)

爆米花用乾玉米
  …2 大匙
奶油（切成 10g 塊狀）
  …1 塊

(做法)

1. 將鑄鐵鍋確實預熱
   好，放入乾玉米、奶
   油，蓋上蓋子。

2. 等鍋中沒有再傳出玉
   米爆開的聲音後打開
   蓋子。

3. 在做法2上撒些萬能
   調味粉即可。

(調味)

「HORINISHI 萬能調味粉（辣味）」

不管是馬鈴薯還是爆米
花，都只用 HORINISHI 萬
能調味粉調味。由於辣味
的調味粉中加了山椒、青
辣椒，很適合喜歡刺激口
味的成年人。

烤馬鈴薯的切法很重要。若
只想切開上半部，就將馬鈴
薯放於砧板，在馬鈴薯上下
（見下圖）放免洗筷後再
切，下半部就不會被切斷。

POINT

85

一次享受到兩種風味
＼明太子和起司的美味組合／

明太子青蔥五花肉蓋飯
配起司明太子豬肉

▶ 可參照「用明太子青蔥五花肉蓋飯、起司明太子豬肉，搭配芝麻燒酒爽吃一波」影片

白飯小偷呀！

一碗接著一碗停不下來。簡直就是

材料

豬五花肉片…100g
米…1 杯
水…1 杯
明太子調味粉…1 大匙
起司片…2 片
蔥花…1 小包（10g）

做法

1. 將泡過水的米放入鑄鐵鍋中，煮成白飯。

2. 煮好飯之後，用鑄鐵鍋蓋子炒約 2/3 量的豬五花肉，撒上明太子調味粉後繼續拌炒。

3. 把做法2放到做法1煮好的白飯上，再撒上蔥花。

4. 用蓋子炒剩下的豬五花肉，炒熟後放上起司片，等起司片融化後依個人喜好，撒上明太子調味粉（材料量之外）即可。

調味

「明太子調味粉」

是完美保有明太子的風味，又加上了蒜和芝麻的萬能調味料。可以輕鬆享受到白飯一口接一口，微辣的明太子滋味。

POINT

用鑄鐵鍋煮飯時，把泡過水的米和水一起放入鍋中，蓋上蓋子用大火煮。等蓋子縫隙開始冒出蒸氣，轉成小火繼續加熱 8 分鐘。打開蓋子，若飯的表面還有水分殘留，就蓋回蓋子，再加熱約 1 分鐘。熄火後再燜約 5 分鐘即可。

吃了以後肯定會
\ 想要再來一盤！/

豬肉與碳水化合物的欲望炒飯

▶ 可參照「用鑄鐵鍋煎肉、油脂與碳水化合物，
配威士忌蘇打調酒爽吃一波」影片

材料

醃豬五花肉…50g
即食白飯…1 包（200g）
玉米粒…1 包（25g）
蔥花（蔥綠）…1 包（25g）
MAXIMUM 萬能調味粉
　…適量
溫泉蛋…1 顆

做法

1. 將醃豬五花肉放入鑄鐵鍋中拌炒。

2. 等豬肉炒熟後加入白飯，白飯炒散後，再加入玉米粒、蔥花拌炒。

3. 加入 MAXIMUM 萬能調味粉調味，最後放上溫泉蛋即可。

調味

「MAXIMUM 萬能調味粉」

用 LiloSHI 必備的 MAXIMUM
萬能調味粉、醃豬五花肉的
醃料完成調味。如果玉米的
甜味太突出，可以加一點燒
肉醬調整。

POINT

若沒有即食白飯，也可以
用家中的冷凍白飯。在冷
凍狀態下直接帶去露營，
還可充當食材的保冷劑，
等到要烹調時，應該已經
解凍了。

全都滲入米飯中～

玉米的甜味和豬肉的油脂，

滿滿的起司

濃郁的焗烤蔬菜及

炸薯條沾裹著

這個好用

義大利麵・ ・麵・澱粉類

刺激食欲到極限的
＼ 碳水化合物美食 ／

萬能調味粉焗烤 起司蝦仁薯條

▶ 可參照「大啖完全不用大腦烹調的萬能調味粉焗烤起司蝦仁薯條」影片

材料

冷凍薯條（細長形）
　…200g
冷凍法式焗菜（含蝦仁）
　…1 包
焗烤用切片起司…4 片
MAXIMUM 萬能調味粉
　…適量

做法

1. 將冷凍薯條排滿鑄鐵鍋中，再放上冷凍法式焗菜。

2. 把鑄鐵鍋蓋子拿到爐火加熱，蓋在做法 1 上。

3. 用小火加熱做法 2，等法式焗菜融化，把焗烤用切片起司排放在上面，依個人喜好，撒上適量調味粉即可。

調味

「冷凍法式焗菜」

用肉醬口味的法式焗菜搭配 HORINISHI 萬能調味粉（辣味），取代白醬口味的法式焗菜也很好吃。風味類似起司肉醬薯條。

POINT

鑄鐵鍋導熱需要時間，所以事先把鑄鐵鍋蓋以火加熱非常重要。若沒有事先加熱，導熱還需一段時間，會導致冷凍法式焗菜沒有融化，只有薯條會焦掉的情形，要特別留意。

雞肉串和拉麵醬的
＼焦香風味就夠美味了／

配料超豐盛的
熱炒拉麵

▶ 可參照「爽吃一波焦香雞鴨牛炒拉麵」影片

材料

拉麵（粗麵）…2 球
烤雞肉串罐頭…1 個
鴨骨醬油拉麵湯包（液狀）
　…1 包
大蔥蔥花…1 包（25g）
溏心蛋…1 顆
牛脂…適量

做法

1. 將牛脂放入鑄鐵鍋中加熱，等牛脂融化後，放入拉麵拌炒。

2. 將拉麵湯包、烤雞肉串罐頭連同裡頭的醬汁一起加入鍋裡，繼續拌炒。

3. 最後放上蔥花、對半切開的溏心蛋即可。

沒有湯汁的炒拉麵

是必吃不可的戶外美食！

調味

「液狀拉麵湯 & 烤雞肉串罐頭」

製作炒拉麵時，相較於粉狀拉麵湯包，我推薦用液狀的來炒，麵條更易入味。加入烤雞肉串罐頭的醬汁，就能享受到油麵般的濃郁滋味。

關鍵是用大量牛脂炒拉麵，讓拉麵不用加水就能炒散。只要利用罐頭、溏心蛋和現成蔥花這些便利商店販售的食材，就能做出如店家賣的配料豐富炒拉麵。

POINT

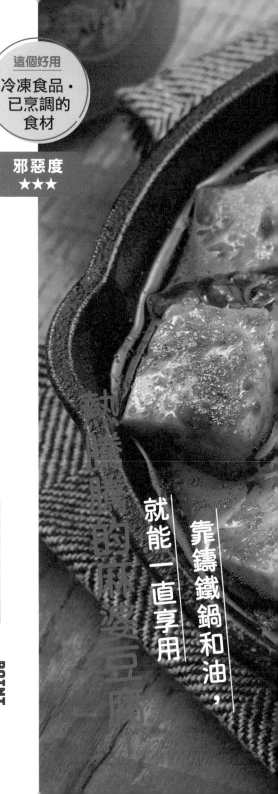

邪惡度
★★★

材料

牛豬混合絞肉…50g
麻婆豆腐醬料包…1 包
豆腐…1 塊（300g）
大蔥蔥花…1 包（25g）
黑瀨萬能香料…適量
芝麻油…適量

做法

1. 將芝麻油倒入鑄鐵鍋中加熱，放入絞肉拌炒，等絞肉炒熟變色，撒上黑瀨萬能香料。

2. 加入麻婆豆腐醬料包，再放入切成小塊的豆腐燉煮（如果麻婆豆腐醬料包裡有附香料，也把香料加入）。

3. 等所有材料都煮到入味，最後撒上蔥花即可。

調味

「麻婆豆腐醬料包」
最近市面上出了不少講究的麻婆豆腐醬料包，比起自己從頭做，用醬料包能做出更美味的麻婆豆腐。不妨增加絞肉的量或另外添加香料，特製自己的風味。

如果打算白飯配麻婆豆腐食用，建議先用鑄鐵鍋煮好白飯。若嫌麻煩，同時用鑄鐵鍋蓋炒熱冷凍炒飯，就能品嘗到美味的麻婆豆腐炒飯了。

POINT

靠鑄鐵鍋和油，就能一直享用熱騰騰的麻婆豆腐人

適合搭配威士忌蘇打調酒的
正港中華麻婆豆腐

滿滿辣味肉麻婆豆腐

轉眼間就能做好的
人氣中式料理

青椒肉絲烤飯糰

用鑄鐵鍋煎的
酥酥脆脆荷包蛋
是重點！

材料

冷凍烤飯糰…4 個
冷凍青椒肉絲…1 包
蛋…1 顆
沙拉油…1 小匙

做法

1. 將鑄鐵鍋蓋子先加熱備用。

2. 將未解凍的冷凍烤飯糰直接排放在鑄鐵鍋中，上面再鋪上青椒肉絲，蓋上做法1加熱好的蓋子。

3. 等做法2的烤飯糰、青椒肉絲都加熱完成後打開蓋子，在蓋子中倒入油，打入蛋煎成荷包蛋。把荷包蛋煎至半熟，放到做法2上即可。

調味

「荷包蛋」

因為是將已經調味好的兩種冷凍食品加在一起，不必再做多餘的調味。戳破半熟的荷包蛋搭配蛋黃一起吃，味道會更柔和！

POINT

用鑄鐵鍋煎的荷包蛋格外好吃。要煎出漂亮的荷包蛋，訣竅是倒入較多的油，用半煎炸的方式煎。如果手邊有鑄鐵鍋，試著煎荷包蛋放在不同料理上享用吧！

可靈活運用的
熱壓三明治烤盤

雖然一般人都認為這只能拿來製作熱壓三明治，
但其實它的兩面都能有效率地加熱，是能烹調各種料理的炊具。

〈和平 Freiz〉
ATSUHOKA Dining 三明治烤盤

尺寸較大，能放下整片吐司，是我很
愛用的熱壓三明治烤盤。能 180 度打
開的設計，不管夾或塞食材都很方便，
使用上非常順心。

可以 180 度開合型

選擇有氟素加工樹脂
塗層的款式，
就不容易燒焦且
方便料理

雖然很多廠商都有出熱壓三明
治烤盤，但我推薦全方位氟素
加工樹脂塗層的製品。由於食
材不會沾黏在烤盤上，而且輕
輕一擦就能去除髒污，在戶外
下廚時非常方便。

無論大阪燒或日式炸雞，只要
動點腦筋，想做可樂餅也不是
問題！如果是較大的熱壓三明
治烤盤，甚至可以煎魚。因為
是用薄鋁製成，突然用強火容
易燒焦，所以用小火慢慢加熱，
最後再轉大火烤出漂亮的焦痕，
大致上不會失敗。

其實是和平底鍋一樣好用，
戶外活動下廚的
主角級炊具

分離式

可將蓋子整個取下的分離
式，最大的魅力在於可當
成兩個平底鍋使用，能同
時烹調兩種料理。
（Iwatani 岩谷／可拆式熱
壓三明治烤盤）

依個人的喜好，
選用固定式或分離式

市面上有蓋子可固定、可拆卸
分離、可 180 度打開等種類。
可依烹調地點或製作料理分別
使用。像左側照片的固定式，
在烹調途中要添加食材、打開
蓋子確認料理狀況時就很方便。
但要注意，沒放食材時，烤盤
可能因蓋子的重量而翻倒。

固定式

容量約為一般熱壓三明
治烤盤的兩倍。先不說
吐司，也很適合用來烹
調各種菜餚。
（和平 Freiz ／ ATSUHOKA
Dining 寬版三明治烤盤）

這說不定是
熱壓三明治烤盤料理的
最高傑作！？

就算是麵包與炒麵的碳水化合物組合，
也能搭配多到爆量的紅薑絲帶來的清爽口感

開放式炒麵麵包

材料

吐司（約2cm厚）…1片
炒麵用油麵…1球
豬五花肉片（長度對半切）
　…3片（75g）

炒麵醬…適量
紅薑絲…1包（60g）
海苔粉、柴魚片…各適量
沙拉油…適量

做法

1. 讓沙拉油布滿整個熱壓三明治烤盤後，煎豬五花肉。

2. 等豬肉熟了，鋪上弄散的油麵，淋上炒麵醬，蓋上蓋子後翻面，加熱麵條。

3. 打開蓋子，在豬肉上鋪滿紅薑絲，再放上吐司，蓋上蓋子後翻面，加熱吐司。

4. 以讓麵條在上的方向打開蓋子，最後撒上海苔粉、柴魚片即可。

食材順序
- 柴魚片
- 海苔粉
- 炒麵
- 豬五花肉
- 紅薑絲
- 吐司

POINT

放入「真要放這麼多嗎！」的大量紅薑絲是製作重點。紅薑絲在這道料理中發揮重要的功用，讓豬肉的油脂、沾滿醬汁的重口味炒麵吃起來仍感清爽。就當作是被我騙，試著放一整包紅薑絲吧！

燒肉除了配白飯以外，
搭配吐司也能吃得津津有味

燒肉三明治

▶ 可參照「用熱壓三明治烤盤把吐司和燒肉夾
在一起，做個『熱壓三明治』」影片

材料

吐司（約2.4cm厚）…2片
牛肉（燒烤肉片）…4～5片
鮮切蔬菜（洋蔥片、甜椒、紅葉萵苣）…1/2包
戶村燒肉醬…2大匙

做法

1. 加熱熱壓三明治烤盤，開始煎牛肉。

2. 等牛肉變色後放入鮮切蔬菜，淋上燒肉醬
後拌炒。

3. 把吐司放在做法2上，蓋上蓋子後翻面，
烘烤吐司。

4. 打開做法3的蓋子，再放上另一片吐司，
蓋上蓋子，烤到兩面吐司都金黃酥脆為止。

食材順序

吐司
燒肉（燒肉醬）
鮮切蔬菜
吐司

為了讓大家看清楚內部，照
片中沒有放最上面的吐司。

POINT

吐司的優點是能將鮮
美的肉汁與燒肉醬全
吃下肚。雖然加上切
片起司，做成西式風
味的三明治也很好
吃，但這次是想用吐
司來追求白飯配燒肉
的單純美味。

吸收了大量
肉的油脂和燒肉醬的
超邪惡吐司

享用大顆蒜粒
帶來的明顯蒜香

滿滿蒜粒的
蒜香吐司

▶ 可參照「爽吃一波蒜香吐司配早安咖啡」影片

市面上的蒜香吐司大多是把大蒜醬抹在吐司表面以帶出蒜香，這裡是把切成小塊的大蒜炒過後直接放在吐司上，不管味道或香氣，都和一般蒜香吐司大大不同。只不過用餐後若要和人碰面，就得多加留意。

POINT

邪惡度
★★★★★

比一般蒜香吐司
刺激 100 倍！

MAXIMUM 萬能調味粉
和大蒜帶出
恰到好處的辛香味

烤得金黃酥脆的里肌肉和
吐司吃起來口感絕佳

蒜味里肌奶油
開放式三明治

可參照「爽吃一波蒜味里肌奶油
開放式三明治配濃縮咖啡」影片

邪惡度
★★★★★

材料

吐司（約 2.4cm 厚）…1 片
豬里肌肉薄片…3 片（75g）
大蒜碎…1 小匙
奶油…1 大匙
MAXIMUM 萬能調味粉
…適量

POINT

這次用的是豬里肌肉，但也
可以換成較厚的豬五花肉拌
炒，再用炒出的油脂炒大蒜。
油脂夠多，就能把吐司烤得
像用熱壓三明治機烤出來般
又酥又脆。

做法

1. 將大蒜碎和奶油放入熱壓三明
   治烤盤加熱，等大蒜散發出香
   氣後，放豬里肌肉片下去煎。

2. 等1的肉變色後，均勻地撒上
   MAXIMUM 萬能調味粉。

3. 將吐司疊在2上，蓋上蓋子
   之後翻面，烘烤吐司。

4. 打開蓋子，依個人喜好再撒
   上適量 MAXIMUM 萬能調味
   粉即可。

想吃會牽絲的起司
要選手撕起司

用微辣的起司做出
不用加辣椒醬的大人口味披薩

會牽絲的
辣味起司披薩

▶ 可參照「烤片加了大量手撕起司的披薩吐司，
　配『Strong Zero』＊大啖好料」影片

＊ Strong Zerog 是含酒精的不甜氣泡調酒。

材料

吐司（約 2.4cm 厚）…1 片
披薩醬…2 大匙
手撕起司（辣椒、煙燻口味）…各 2 條
青椒（切成圈狀）…1/2 顆
奶油…1 大匙
MAXIMUM 萬能調味粉…適量

做法

1. 把吐司放進熱壓三明治烤盤中，整個表面
   上塗滿披薩醬，再依序放上手撕起司、青
   椒後蓋上蓋子，烤到吐司變得金黃酥脆。

2. 將做法1翻面，讓起司面朝下，在爐火上
   烤到起司融化為止。

食材順序
- 青椒
- 手撕起司
- 披薩醬
- 吐司

披薩用起司在常溫下
會融化，可是手撕起
司不易融化，而且還
有獨立包裝，方便攜
帶。此外，手撕起司
加熱後會牽絲，如同
享用披薩的氛圍。

POINT

利用便利商店的熱食類點心，
輕鬆做熱壓三明治

不用炸的
雞腿排三明治

▶ 可參照「只是炸塊豬排做成熱壓豬排三明治而已」影片

材料

吐司（約2.4cm厚）…2 片
便利商店賣的熱食雞腿排…1 塊
高麗菜絲…1 包（150g）
黃芥末醬…適量

做法

1. 把雞腿排放在熱壓三明治烤盤上，蓋上蓋子，將兩面都稍微加熱。

2. 將吐司放在做法1的雞腿排上，蓋上蓋子後翻面，再打開蓋子，放上高麗菜絲且擠上黃芥末醬，最後放上另一片吐司，蓋上蓋子，將兩面的吐司烤到金黃酥脆即可。

食材順序

| 吐司 |
| 黃芥末醬 |
| 高麗菜絲 |
| 雞腿排 |
| 吐司 |

為了讓大家看清楚內部，照片中沒有放最上面的吐司。

Famichiki

POINT 影片中是從把豬肉做成豬排介紹起，但單人露營，想要更簡便時，建議善用便利商店的熱食類點心。改夾炸肉餅、可樂餅，或是法蘭克福香腸也不錯。

酥脆的麵衣和
微辣的芥末醬是絕配

沒有吐司的話
吃米做的披薩如何？

用鍋巴取代
披薩的麵皮吧！

米披薩

▶ 可參照「烤個懷舊廣告『米披薩』
　　GO FUNKY！」影片

材料

白飯…1 碗公（250g）
焗烤用切片起司…3 片
蕃茄片…3 片
義式臘腸片…6 片
MAXIMUM 萬能調味粉
　　…適量
塔巴斯可辣椒醬
　　…適量

做法

1. 把白飯平鋪在整個熱壓三明治烤盤底部，放上切片起司、蕃茄、義式臘腸，撒上 MAXIMUM 萬能調味粉。

2. 蓋上做法1的蓋子，加熱到起司融化為止。

3. 依個人喜好，添加適量塔巴斯可辣椒醬享用。

食材順序

萬能調味粉
蕃茄
義式臘腸
切片起司
白飯

POINT

如果要在露營場烹調，可直接帶冷凍白飯，在現場用自然解凍的白飯做是最簡單的。也可以改用冷凍炒飯或即食白飯製作變化版披薩。

Column

LiloSHI 的狩獵用具介紹

① 折疊鏟子和收納 (Gerber／
E-Tool folding spade with pick)
GPS (Garmin／Foretrex 601、
Suunto／M9手錶型指南針、CASIO
／F-91W)

② 獵槍 (Steyr Scout、Nightforce NXS
2.5-10x42)

③ 戰術胸掛 (First Spear／Modular
Chest Rig)、望遠鏡 (SWAROVSKI
施華洛世奇／EL8x32) 雷射測距儀
(Nikon／COOLSTHOT40i) 子彈袋
(散彈、來福槍子彈共用)

④ 持有許可證
手套 (OTAFUKU手套／FUBAR
STRONG)

⑤ 炊具組 (SOTO／穩壓防風登山爐
FUSION Trek、Sea to Summit／
Alpha 折疊鍋-1.2L、Snow peak／
鈦金屬單層杯300、Snow peak／多
功能匙叉、免洗筷、Zippo打火機)

⑥ CAT止血帶
急救用品 (主要是消毒及止血用)
救生毯

⑦ 掛在腰上的小刀和刀套 (G. SAKAI／
NYAIFE)

⑧ 槍袋。

⑨ 手電筒 (GENTOS／T-REX100)
小型數位相機 (SONY／DSC-
WX350)
磨刀器 (Victorinox 瑞士維氏)
護身用殺蟲劑 (SC Environmental
Science Co.,Ltd／攜帶用驅蜂噴劑S)

⑩ 防割手套及橡膠手套
支解用具包 (MAXPEDITION／輕量
收納包Morie Pouch 0809)
急救剪刀
折疊鋸

part 3

單人露營可以
想吃就吃的料理

難得能享受個人時間的單人露營，
何不拋下他人的眼光，做些自己想做的料理呢？
不管是最愛的炸物，還是讓人想大口咬下的帶骨肉，
其實都能用簡單的方法完成！
這個單元要介紹我實際做過的不費力炸物＆煎烤料理。

沾滿濃濃醬汁的
熱呼呼串炸

這個好用
鑄鐵鍋

邪惡度
★★

只要有冷凍串炸
＼就能在戶外開一人派對啦！／

最愛的串炸

▶ 可參照「開個串炸一人派對，配威士忌蘇打調酒大吃一頓」影片

材料

冷凍串炸組合包…想吃多少就多少
喜歡的醬汁…適量
沙拉油…適量

做法

1. 將份量足以蓋過串炸的油倒入鑄鐵鍋中加熱。

2. 把少許串炸麵衣放入做法1中，如果麵衣沉下去後會立刻浮起，表示油已經夠熱了，可以一支接一支地把串炸放下去炸。

3. 等做法2炸至金黃色後起鍋，沾醬汁食用。

推薦食材

「冷凍串炸組合包」

「冷凍串炸組合包」是我不管在戶外，或是家中喝酒時極推薦搭配的食材。即使要在家裡油炸來吃，像串炸這樣大小的炸物，用鑄鐵鍋不僅只需少少的油就能炸好，而且還能在桌子上烹調料理。

若把醬汁倒在扁平盤中，整支串炸很難都沾到醬汁，我建議把醬汁倒在略有高度的矮玻璃杯中，這樣就算醬汁不多，也能讓整支串炸都沾上醬汁。

POINT

不管是酸甜醬汁
或是塔塔醬，
＼市售商品都能輕鬆搞定／

南蠻雞

▶可參照「從現炸日式炸雞開始，
硬是要開個南蠻雞一人派對」影片

材料

雞腿肉…1 片（300g）
炸雞粉…50g
南蠻雞醬汁…適量
塔塔醬…適量
油炸用油…適量

做法

1. 把雞腿肉均勻沾上炸雞粉。

2. 將油倒入鑄鐵鍋中加熱，把少許麵衣放入鍋中，如果麵衣沉下去後會立刻浮起，表示油已經夠熱了。放入雞肉炸約 4 分鐘，先拿出來放置約 5 分鐘。

3. 把做法2的雞肉再次放進油中，炸約 2 分鐘後起鍋，瀝除多餘的油。

4. 以竹籤戳起做法3，沾裹南蠻雞醬汁，最後淋上塔塔醬即可。

推薦食材

「南蠻雞醬汁＆塔塔醬」
製作南蠻雞醬汁、塔塔醬很麻煩，但若使用市售商品就簡單多了。日式炸雞也是，即使沒有先醃過，但只要用炸雞粉就能輕鬆做出美味又酥脆的炸雞。

這個好用
鑄鐵鍋

邪惡度
★★★★

酸甜醬汁從炸了兩次的雞腿肉上，在口中擴散開來

116

可以享受到酥脆＆柔嫩的雙重口感

這個好用鑄鐵鍋

邪惡度
★★★★

超級下酒！
＼ 現炸的下酒菜 ／
日式炸雞
配炸雞軟骨

▶ 可參照「從現炸日式炸雞開始，硬是要開個南蠻雞一人派對」影片

POINT
若沒時間做日式炸雞，也能用可微波加熱的冷凍日式炸雞。微波食品因為會做得更酥脆，不需要炸兩次，很適合想在戶外吃日式炸雞時使用。

（材料）

炸雞用雞腿肉…約 200g
雞軟骨…100g
炸雞粉…50g
HORINISHI 萬能調味粉
　…適量
日式美乃滋…適量
油炸用沙拉油…適量

（做法）

1. 將雞腿肉、雞軟骨均勻沾上炸雞粉。

2. 沙拉油倒入鑄鐵鍋中加熱，放入做法1油炸。（雞肉炸約 4 分鐘後取出放置約 5 分鐘，再次放進油中炸約 2 分鐘後起鍋。軟骨炸約 4 分鐘。）

3. 炸好後瀝除多餘的油，依個人喜好，沾 HORINISHI 萬能調味粉或美乃滋食用。

簡直就像剛從
烤箱裡出爐一樣，
\ 烤得焦香酥脆的雞皮棒透了！/

皮酥內嫩的
烤雞大腿

這個好用
鑄鐵鍋

邪惡度
★★

▶ 可參照「把用焚火檯烤的帶骨肉放在麵包上，配海尼根大快朵頤」影片

材料

帶骨雞腿肉…1 根
黑瀨萬能香料…適量
牛脂…適量
顆粒黃芥末醬…適量
吐司（約 2.4cm 厚）…1 片

做法

1. 在帶骨雞腿肉的兩面撒滿香料。

2. 將牛脂放入鑄鐵鍋中，把鑄鐵鍋拿到焚火檯下方加熱，使牛脂融化後均勻散布在鑄鐵鍋上。

3. 把做法1有皮的那面朝下，放在做法2上，拿到焚火檯下方烘烤。

4. 將做法3翻面，讓有皮的那面在上之後繼續烤。在雞腿肉整個熟透，表面烤到酥脆微焦前，反覆進行做法3和4。

5. 依個人喜好，將從骨頭上撕下來的雞肉放在烤好的吐司上，擠上顆粒黃芥末醬即可。

我把鑄鐵鍋放入焚火檯下方的空間，以直火做出類似烤箱的效果，這個點子也在 YouTube 上引起很大的話題。用這個烹調方法的話，也能把披薩或印度烤餅這種希望食材上方也能確實加熱的料理，烤出漂亮的色澤。

> 左側照片中的是 Bush craft 出的「超輕量焚火架」。可以活用這個焚火檯放柴薪的網片下方的空間，進行烹調。

POINT

用焚火檯烤出
酥脆的烤雞

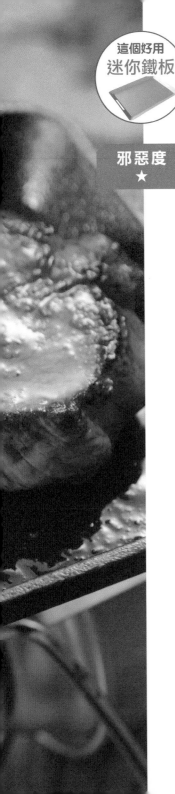

這個好用
迷你鐵板

邪惡度
★

就算是單人露營，
＼也想品嘗鐵板料理！／
奢侈的鐵板牛排

▶ 可參照「用大創的百元迷你鐵板、
　火爐烤個迷你牛排」影片

材料

牛肉（牛排用）…2 片
MAXIMUM 萬能調味粉…適量
橄欖油…適量

做法

1. 將迷你鐵板確實加熱，均勻淋上
   橄欖油，放入牛排煎好。

2. 最後撒上調味粉即可。

推薦食材

「脂肪較少的牛排肉」
吃到美味牛排的祕訣，就是先讓肉恢復到常
溫狀態！大家去露營時擔心肉會壞掉，所以
會先冷凍或搭配保冷劑降溫，但烹調前，先
從保冰箱取出回溫吧！

小鐵板以「小火」加熱，較不會產生輻射熱，
桌子和瓦斯罐也不會因此過熱，可以輕鬆地
享用烤肉。只不過頻繁使用一體型登山爐搭
配鐵板烹調，必須備妥隔熱板，或者是用分
離型登山爐烹調吧！

POINT

這樣不會被網友猛烈攻擊嗎！？
獨家傳授應付○○警察的對策

在我分享單人露營的樂趣給大家後，
上傳露營照片到自己的 SNS 上的人也變多了。
可是也有人因為一時興奮上傳的照片而引發攻擊風波……
這裡將告訴各位如何從在 SNS 每一個角落巡邏，
拚命想抓人把柄的○○警察手裡保護自己。

1 煮麵水警察

不可以隨便把煮義大利麵的水倒在山裡，但光上傳了「我煮了義大利麵！」的照片，就會有人特意留言質問：「你的煮麵水呢？一定是倒在山裡吧？」這就是「煮麵水警察」。只要帶湯包或高湯粉去，連同「我把煮麵水煮成湯了！」的照片一起上傳，就不會出現煮麵水警察了。

2 罐頭直火加熱警察

只要上傳用登山爐直接加熱罐頭的照片，他們就會冒出來警告你：「不能直火加熱罐頭喔！」肉、魚或咖哩等罐頭在製造時，已經用 100 ～ 120°C 的高溫加熱殺菌過了。雖然大家應該都知道了，但記得不能用登山爐的最大火力加熱，或沒打開罐頭就丟在火堆裡不管，這樣罐頭內部塗層可能會融化或爆裂開來。但若打開罐頭後，能一邊攪拌避免因過度加熱而突沸的現象，並一邊用微火搭配爐網慢慢加熱，就不會發生內部塗層融化或罐頭爆裂等問題。

3 亂丟垃圾警察

「你是怎麼處理垃圾的？」只要上傳戶外下廚的影片就會現身「亂丟垃圾警察」。如果今天烹調炸類料理，就會有「你有把用完的油帶走嗎？」或用了焚火檯，就會出現「你燒完的那些炭呢？」之類的詢問。烹調產生的垃圾就塞進鍋具裡，或裝入原本盛裝食材的夾鏈袋帶走。此外，市面上也有販售能吸收油炸用油，或是讓油凝固的廢油處理袋這種好商品。只要將打包好的垃圾照片一併上傳，亂丟垃圾警察就會安靜下來。

4 生肉筷、食用筷要分開警察

這是上傳烤肉照片或影片時，常出現的一種警察。尤其是料理夾、料理筷未入鏡時特別容易出現。生雞肉帶有曲狀桿菌等危險細菌，所以要和食用筷分開使用，但只要照片或影片裡面沒拍到，就會有「筷子要分開警察」忍不住跳出來指摘。所以只要在上傳的照片一角，有拍到造型不同的筷子或料理夾，這些警察就不會出現了。

5 不斷出現在 SNS 上的各種○○警察

老實說這些多半就是「多管閒事」的人，我自己已經很習慣，也會把這些人的發言拿來開玩笑，完全不在意，但應該還是會有人因為○○警察而不開心吧！面對這些警察，不妨就當成是攀在紗窗外的金龜子吧！如果覺得實在很煩，就用手指把他們彈飛，並且善用 SNS 的黑名單功能吧！但這同時，也得好好審視自己是否「真的上傳了有錯誤行為的照片」。

> 雖然也有想要引戰，總是會放大檢視 SNS 上的影片或照片的人存在，不過換個角度，有時也能因此指出問題，自己才能有幸避開危險。當然只是想在 SNS 上分享自己的快樂，卻有一堆人跑來吵個不停，確實令人煩惱，但是對於○○警察的發言，就抱持著「今天也辛苦各位巡邏了！多虧有你們，我玩得非常安全又開心～」的心情，看過就算了吧！！

Cook50 233
露營的靈魂在野炊！
LiloSHI 的單人露營料理

作者｜ LiloSHI
翻譯｜ Demi
美術完稿｜許維玲
編輯｜彭文怡
校對｜翔紫
企畫統籌｜李橘
總編輯｜莫少閒
出版者｜朱雀文化事業有限公司
地址｜台北市基隆路二段 13-1 號 3 樓
電話｜ 02-2345-3868
傳真｜ 02-2345-3828
e-mail ｜ redbook@ms26.hinet.net
網址｜ http://redbook.com.tw
ISBN ｜ 978-626-7064-73-3
CIP ｜ 427.1
初版一刷｜ 2023.12
定價｜ 380 元
出版登記｜北市業字第 1403 號

日文版製作 STAFF

食物造型　みなくちなほこ
設計　野澤享子（Permanent Yellow Orange）

　　　　楠藤桃香（Permanent Yellow Orange）
攝影　島村緑
DTP　荒木香樹
校對　外山幸枝 鮫島圭代
編輯協力　知野美紀子（Lighthouse editing）
編輯　清水靜子（KADOKAWA）